国家自然科技资源共享平台项目资助

农作物种质资源技术规范丛书(5-21)

扁桃种质资源描述规范和数据标准

Descriptors and Data Standard for Almond

(*Amygdalus communis* L.)

张大海 等 编著

U0349432

中国农业科学技术出版社

图书在版编目（CIP）数据

扁桃种质资源描述规范和数据标准／张大海等编著. —北京：中国农业科学技术出版社，2009.6

（农作物种质资源技术规范丛书）

ISBN 978-7-80233-901-9

Ⅰ.扁… Ⅱ.张… Ⅲ.①扁桃—种质资源—描写—规范 ②扁桃—种质资源—数据—标准 Ⅳ.S662.902.4–65

中国版本图书馆 CIP 数据核字（2009）第 087551 号

责任编辑	沈银书
责任校对	贾晓红

出 版 者	中国农业科学技术出版社
	北京市中关村南大街 12 号　邮编：100081
电　　话	（010）82109704（发行部）（010）82106625（编辑室）
	（010）82109703（读者服务部）
传　　真	（010）82109709
网　　址	http://www.castp.cn
经 销 者	新华书店北京发行所
印 刷 者	北京华正印刷有限公司
开　　本	787 mm ×1 092 mm　1/16
印　　张	4.25
字　　数	80 千字
版　　次	2009 年 6 月第 1 版　2009 年 6 月第 1 次印刷
定　　价	29.00 元

宗绪晓　郑殿升　房伯平　范源洪　欧良喜
周传生　赵来喜　赵密珍　俞明亮　郭小丁
姜　全　姜慧芳　柯卫东　胡红菊　胡忠荣
娄希祉　高卫东　高洪文　袁　清　唐　君
曹永生　曹卫东　曹玉芬　黄华孙　黄秉智
龚友才　崔　平　揭雨成　程须珍　董玉琛
董永平　粟建光　韩龙植　蔡　青　熊兴平
黎　裕　潘一乐　潘大建　魏兴华　魏利青

总审校　娄希祉　曹永生　刘　旭

《扁桃种质资源描述规范和数据标准》

编 写 委 员 会

主　编　张大海

执笔人　张大海　唐章虎　何峰江　李文慧

　　　　　徐　麟　王建友　阿曼古丽（维吾尔族）

审稿人　（以姓氏笔画为序）

　　　　　王力荣　刘威生　刘崇怀　吕德国　张冰冰

　　　　　周传生　姜　全　俞明亮　熊兴平

审　校　曹永生

《农作物种质资源技术规范》
前　　言

　　农作物种质资源是人类生存和发展最有价值的宝贵财富，是国家重要的战略性资源，是作物育种、生物科学研究和农业生产的物质基础，是实现粮食安全、生态安全与农业可持续发展的重要保障。中国农作物种质资源种类多、数量大，以其丰富性和独特性在国际上占有重要地位。经过广大农业科技工作者多年的努力，中国目前已收集保存了38万份种质资源，积累了大量科学数据和技术资料，为制定农作物种质资源技术规范奠定了良好的基础。

　　农作物种质资源技术规范的制定是实现中国农作物种质资源工作标准化、信息化和现代化，促进农作物种质资源事业跨越式发展的一项重要任务，是农作物种质资源研究的迫切需要。其主要作用是：①规范农作物种质资源的收集、整理、保存、鉴定、评价和利用；②度量农作物种质资源的遗传多样性和丰富度；③确保农作物种质资源的遗传完整性，拓宽利用价值，提高使用时效；④提高农作物种质资源整合的效率，实现种质资源的充分共享和高效利用。

　　《农作物种质资源技术规范》是国内首次出版的农作物种质资源基础工具书，是农作物种质资源考察收集、整理鉴定、保存利用的技术手册，其主要特点：①植物分类、生态、形态，农艺、生理生化、植物保护，计算机等多学科交叉集成，具有创新性；②综合运用国内外有关标准规范和技术方法的最新研究成果，具有先进性；③由实践经验丰富和理论水平高的科学家编审，科学性、系统性和实用性强，具有权威性；④资料翔实、结构严谨、形式新颖、图文并茂，具有可操作性；⑤规定了粮食作物、经济作物、蔬菜、果树、牧草绿肥等五大类100多种作物种质资源的描述规范、数据标准和数据质量控制规范，以及收集、整理、保存技术规程，内容丰富，具有完整性。

《农作物种质资源技术规范》是在农作物种质资源50多年科研工作的基础上，参照国内外相关技术标准和先进方法，组织全国40多个科研单位，500多名科技人员进行编撰，并在全国范围内征求了2 000多位专家的意见，召开了近百次专家咨询会议，经反复修改后形成的。《农作物种质资源技术规范》按不同作物分册出版，共计100余册，便于查阅使用。

　　《农作物种质资源技术规范》的编撰出版，是国家自然科技资源共享平台建设的重要任务之一。国家自然科技资源共享平台项目由科技部和财政部共同立项，各资源领域主管部门积极参与，科技部农村与社会发展司精心组织实施，农业部科技教育司具体指导，并得到中国农业科学院的全力支持及全国有关科研单位、高等院校及生产部门的大力协助，在此谨致诚挚的谢意。由于时间紧、任务重、缺乏经验，书中难免有疏漏之处，恳请读者批评指正，以便修订。

总编辑委员会

前　言

扁桃（巴旦杏）为蔷薇科（Rosaceae）、李属（*Prunus* L.）、扁桃亚属（*Amygdalus*）中的一个种，多年生干果树种，学名 *Amygdalus communis* L.，染色体数 $2n=2x=16$。

扁桃亚属约有 40 个野生种和野生近缘种，但只有从其野生种或野生近缘种中演化而来的普通扁桃种（*Amygdalus communis* L.）具有经济意义和栽培价值。

扁桃野生种和野生近缘种起源于中亚细亚的科彼特山、帕米尔、天山西部和外高加索的半荒漠半草原山区，以及北非洲、巴尔干半岛中南部诸国、叙利亚、伊拉克、巴勒斯坦、伊朗及巴基斯坦等地。

现仍存留的几个野生扁桃种的分布区是科彼特山（伊朗北部的界山）西部低山带，阿尔捷里、巴里吉里谷地；天山西部费尔干那山支脉贾拉拉巴德地区（阿富汗境内）、奥什费尔干地区，包括塔什干阿拉套山布斯盖姆和乌格姆河下游、伊犁河中游部分流域；中国新疆巴尔鲁克山西北坡和哈萨克斯坦接壤布尔干河流域。

扁桃的栽培历史约 6 000 年。早在公元前 4 000 年，西亚的伊朗、土耳其和希腊等国便开始了扁桃的引种驯化栽培，以后逐渐扩大到地中海和中亚一些国家。公元前 450 年前后，扁桃传到了欧洲，其中包括西班牙、葡萄牙、摩洛哥、突尼斯、法国和意大利等国。

世界上栽培扁桃的国家主要有美国、西班牙、葡萄牙、法国、意大利、希腊、土耳其、叙利亚等 32 个国家和地区。2006 年世界扁桃产量的前五位是美国、西班牙、希腊、意大利、土耳其。其中美国的栽培面积及产量均居世界之首，扁桃面积约为 20 万 hm^2，总产量约 39.7 万 t，约占世界同年扁桃总产量的 65%。

我国现有分布的野生和栽培种共有 7 个种：普通扁桃、野生扁桃（野巴旦）、长柄扁桃、西康扁桃、四川扁桃、蒙古扁桃、榆叶梅，主要分布在新疆准葛尔西部山地、阿尔泰山，内蒙古乌拉山、大青山，宁夏贺兰山，青藏高原东端。

据有关文献记载，我国甘、陕等北方地区引种种植扁桃是从唐朝时期由丝绸之路传播而开始的，栽培历史已有 1 300 年以上。《本草纲目》载有："巴旦杏出回回旧地，今关西诸土亦有。"巴旦杏即扁桃，现今维吾尔语巴旦木源于波斯语 Badam，巴旦杏之名也由此而来。

至 2006 年，我国扁桃栽植面积约 2 万 hm^2，年产量不足 3 000t。规模生产主要集中在新疆的喀什与和田地区，其他如陕西、甘肃、山西、山东等省区正在积极进行引种栽培。

扁桃种质资源是扁桃新品种育种、生物技术和教学研究及科学发展的重要物质基础，也是扁桃产业生存与发展的宝贵财富和持续发展的基本保障。

规范标准是国家自然科技资源平台建设的基础，扁桃种质资源规范标准的制定是国家农作物种质资源平台建设的重要内容。制定统一的扁桃种质资源规范标准，有利于规范扁桃种质资源的收集、整理和保存等基础性工作，搭建高效的共享平台，有效地保护和高效地利用扁桃种质资源。

扁桃种质资源描述规范规定了扁桃种质资源的描述符及其分级标准，以便对扁桃种质资源进行标准化整理和数字化表达。本数据标准规定了扁桃种质资源各描述符的字段名称、类型、长度、小数位、代码等，以便建立统一、规范的扁桃种质资源数据库。扁桃种质资源数据质量控制规范规定了扁桃种质资源数据采集全过程中的质量控制内容和质量控制方法，以保证数据的系统性、可比性和可靠性。

《扁桃种质资源描述规范和数据标准》由新疆农业科学院轮台国家果树资源圃主持编写，并得到了有关科研、教学和生产单位的大力支持。在编写过程中，参考了国内外相关文献，由于篇幅有限，书中仅列举了主要参考文献，在此一并致谢。由于编著者水平有限，错误和疏漏之处在所难免，恳请读者批评指正。

编著者

二○○八年七月

目　录

一 扁桃种质资源描述规范和数据标准制定的原则和方法

1 扁桃种质资源描述规范制定的原则和方法

1.1 原则

1.1.1 优先采用现有扁桃数据库中的描述符和描述标准。

1.1.2 以扁桃种质资源研究和育种需求为主，兼顾生产需要。

1.1.3 立足我国现有基础，兼顾将来发展。

1.2 内容和方法

1.2.1 描述符类别分为 4 类

    1   基本信息

    2   形态特征和生物学特性

    3   品质特性

    4   其他特征特性

1.2.2 描述符代号由描述符类别加两位顺序号组成，如"120"、"210"等。

1.2.3 描述符性质分为 3 类

    M   必选描述符（所有种质资源都必须要鉴定评价的描述符）

    O   可选描述符（可选择鉴定评价的描述符）

    C   条件描述符（只对特定种质资源进行鉴定评价的描述符）

1.2.4 描述符的代码应是有序的。如数量性状从细到粗、从低到高、从小到大、从少到多排列，颜色从浅到深，抗性从弱到强等。

1.2.5 在描述规范中，对每个描述符应有一个基本的定义或说明。数量性状应指明单位，质量性状应有评价标准和等级划分。

1.2.6 植物学形态描述符一般应附有模式图。

1.2.7 重要的数量性状应以数值表示。

2 扁桃种质资源数据标准制定的原则和方法

2.1 原则

2.1.1 数据标准中的描述符应与描述规范相一致。

2.1.2 数据标准应优先考虑现有数据库中的数据标准。

2.2 方法和要求

2.2.1 数据标准中的代号应与描述规范中的代号一致。

2.2.2 字段名最长 12 位。

2.2.3 字段类型分字符型（C）、数值型（N）和日期型（D）。日期型的格式为 YYYYMMDD。

2.2.4 经度的类型为 N，格式为 DDDFF；纬度的类型为 N，格式为 DDFF，其中 D 为度，F 为分；东经以正数表示，西经以负数表示；北纬以正数表示，南纬以负数表示，如"10836"、"4221"。

3 扁桃种质资源数据质量控制规范制定的原则和方法

3.1 采集的数据应具有系统性、可比性和可靠性。

3.2 数据质量控制应以过程控制为主，兼顾结果控制。

3.3 数据质量控制方法应具有可操作性。

3.4 鉴定评价方法应以现行国家标准和行业标准为首选依据；如无国家标准和行业标准，则以国际标准或国内比较公认的先进方法为依据。

3.5 每个描述符的质量控制应包括田间设计，样本数或群体大小，时间或时期，取样数和取样方法，计量单位、精度和允许误差，采用的鉴定评价规范和标准，采用的仪器设备，性状的观测和等级划分方法，数据校验和数据分析。

二　扁桃种质资源描述简表

序号	代号	描　述　符	描述符性质	单　位　或　代　码
1	101	全国统一编号	M	
2	102	种质圃编号	M	
3	103	引种号	C/国外资源	
4	104	采集号	C/野生资源或地方品种	
5	105	种质名称	M	
6	106	种质外文名	M	
7	107	科名	M	
8	108	属名	M	
9	109	学名	M	
10	110	原产国	M	
11	111	原产省	M	
12	112	原产地	M	
13	113	海拔	C/野生资源或地方品种	m
14	114	经度	C/野生资源或地方品种	
15	115	纬度	C/野生资源或地方品种	
16	116	来源地	M	
17	117	保存单位	M	
18	118	保存单位编号	M	
19	119	系谱	C/选育品种或品系	
20	120	选育单位	C/选育品种或品系	
21	121	育成年份	C/选育品种或品系	
22	122	选育方法	C/选育品种或品系	
23	123	种质类型	M	1:野生资源　2:地方品种　3:选育品种 4:品系　　5:遗传材料　6:其他
24	124	图像	O	

(续)

序号	代号	描 述 符	描述符性质	单 位 或 代 码
25	125	观测地点	M	
26	201	树姿	M	1:直立 3:半开张 5:开张
27	202	树冠形状	M	1:圆锥形 2:圆头形 3:丛状形 4:扁圆形
28	203	一年生枝节间长度	O	cm
29	204	一年生枝颜色	O	1:淡褐 2:黄褐 3:黄绿 4:绿
30	205	皮孔密度	O	1:稀 2:中 3:密
31	206	幼叶颜色	O	1:黄绿 2:绿 3:红 4:红褐
32	207	叶片颜色	O	1:浅绿 2:绿 3:深绿
33	208	叶片形状	O	1:狭披针形 2:长披针形 3:宽披针形 4:椭圆披针形
34	209	叶面状态	O	1:平滑 2:波状 3:皱缩
35	210	叶尖形状	O	1:渐尖 2:急尖
36	211	叶基形状	O	1:尖形 2:楔形 3:广楔形
37	212	叶缘形状	O	1:浅齿状 2:中锯齿状 3:深锯齿状
38	213	叶片长度	O	cm
39	214	叶片宽度	O	cm
40	215	叶柄长度	O	cm
41	216	叶腺数量	O	个
42	217	花型	O	1:蔷薇形 2:铃形
43	218	花冠大小	O	cm
44	219	花瓣颜色	O	1:白 2:浅粉红 3:粉红 4:深粉红
45	220	花瓣形状	O	1:圆 2:倒卵圆 3:阔椭圆 4:长圆
46	221	雌蕊数目	M	枚
47	222	雄蕊数目	M	枚
48	223	花药颜色	O	1:浅黄 2:黄 3:橙黄
49	224	花粉量	O	1:少 3:中 5:多
50	225	萼筒形状	O	1:筒状 2:杯状
51	226	成枝力	M	1:弱 3:中 5:强
52	227	花朵坐果率	M	%
53	228	早果性	O	1:极早 3:早 5:中 7:晚 9:极晚
54	229	丰产性	M	1:极差 3:差 5:中 7:强 9:极强
55	230	稳产性	O	1:极差 3:差 5:中 7:强 9:极强
56	231	始花期	M	
57	232	盛花期	O	
58	233	果实成熟期	M	

（续）

序号	代号	描 述 符	描述符性质	单 位 或 代 码
59	234	落叶期	O	
60	235	果顶形状	O	1:尖 2:钝尖 3:尖圆 4:偏尖
61	236	果实颜色	O	1:浅绿白 2:黄色 3:黄绿 4:橙黄
62	237	果面茸毛	M	0:无 1:少 3:中 5:多
63	238	果皮开裂程度	M	1:不开裂 3:微开裂 5:开裂 7:极开裂
64	239	核果形状	M	1:圆形 2:卵圆形 3:长圆形 4:尖椭圆 5:狭长形
65	240	壳面纵纹	O	1:少 3:中 5:多
66	241	核纹大小	O	1:小 3:中 5:大
67	242	核纹深度	O	1:浅 3:中 5:深
68	243	核仁类型	O	1:单仁 2:双仁
69	301	核果平均重	M	g
70	302	核果整齐度	M	1:不整齐 3:较整齐 5:整齐
71	303	核果横径	O	cm
72	304	核果纵径	O	cm
73	305	核壳厚度	M	mm
74	306	破壳难易	M	1:极难 3:难 5:中 7:易 9:极易
75	307	核仁面	O	1:粗糙 2:中 3:平滑
76	308	核仁颜色	O	1:淡褐色 2:褐色 3:深褐色
77	309	核仁平均重	M	g
78	310	核仁横径	O	cm
79	311	核仁纵径	O	cm
80	312	出仁率	M	%
81	313	核仁风味	M	1:苦 3:甜
82	314	仁油脂含量	O	10^{-2} mg/g
83	315	仁粗蛋白质含量	O	10^{-2} mg/g
84	401	染色体数	O	
85	402	指纹图谱	O	
86	403	备注	O	

三 扁桃种质资源描述规范

1 范围

本规范规定了扁桃种质资源描述符及其描述标准。

本规范适用于扁桃种质资源的收集、保存、整理、鉴定和评价，数据标准和数据质量控制范围的制定，以及数据库和信息共享网络系统的建立。

2 规范性引用文件

下列文件中的条款通过本规范的引用而成为本规范的条款。凡是注日期的引用文件，其随后所有的修改单（不包括勘误的内容）或修订版均不适用于本规范，然而，鼓励根据本规范达成协议的各方研究是否可使用这些文件的最新版本。凡是不注日期的引用文件，其最新版本适用于本规范。

ISO 3166　Codes for the Representation of Names Countries

GB/T 2659　世界各国和地区名称代码

GB/T 2260　中华人民共和国行政区划代码

GB/T 12404　单位隶属关系代码

GB 8855—1988　新鲜水果和蔬菜的取样方法

GB/T 10220—1988　感官分析方法总论

GB/T 5009.5—2003　食品中蛋白质的测定

GB/T 5009.6—2003　食品中脂肪的测定

3 术语和定义

3.1 扁桃

扁桃（巴旦杏）为蔷薇科（Rosaceae）、李属（*Prunoideae*）、扁桃亚属（*Amygdalus*）中的一个种，多年生干果树种，学名 *Amygdalus communis* L.，染色体数 $2n = 2x = 16$。主要以核仁供食用。

3.2 扁桃种质资源

扁桃种质资源又称扁桃遗传资源，是经过长期自然演化或人工选育而形成，可以用来遗传给后代进行繁殖的基因载体，是扁桃育种和基因工程的物质基础。扁桃种质资源包括古老的地方品种、新选育品种、品系、扁桃野生种及扁桃近缘种。携带扁桃种质资源的载体可以是群体、个体，也可以是部分器官、组织、细胞、染色体乃至 DNA 片断等。

3.3 基本信息

扁桃种质资源的基本情况描述信息，包括全国统一编号、种质名称、学名、原产地、种质类型等。

3.4 形态特征和生物学特性

扁桃种质资源的植物学形态、产量和物候期性状等特征特性。

3.5 品质特性

扁桃种质资源的外观品质、核仁品质和营养品质性状。外观品质主要包括核果平均重、核果整齐度、核壳厚度等；核仁品质主要包括核仁颜色、核仁平均重、核仁风味等；营养品质主要包括仁油脂含量、仁粗蛋白质含量等。

4 基本信息

4.1 全国统一编号

扁桃种质的全国统一编号，种质的唯一标识号。

4.2 种质圃编号

扁桃种质在国家种质资源圃中的保存号。

4.3 引种号

扁桃种质从国外引入时赋予的编号。

4.4 采集号

扁桃种质资源在野外采集时赋予的编号。

4.5 种质名称

扁桃种质资源的中文名称。

4.6 种质外文名

国外引进种质的外文名和国内种质的汉语拼音名。

4.7 科名

蔷薇科 Rosaceae。

4.8 属名

李属 *Prunoideae*，扁桃亚属 *Amygdalus*。

4.9 学名

扁桃的学名是 *Amygdalus communis* L.。

4.10 原产国

扁桃种质资源的原产国家名称、地区名称或国际组织名称。

4.11 原产省

国内扁桃种质的原产省份（直辖市、自治区）的名称；国外引进种质的原产国家一级行政区的名称。

4.12 原产地

国内扁桃种质的原产县、乡、村名称。

4.13 海拔

扁桃种质原产地的海拔高度。单位为 m。

4.14 经度

扁桃种质原产地的经度，单位为度（°）和分（′）。格式为 DDDFF，其中 DDD 为度，FF 为分。

4.15 纬度

扁桃种质原产地的纬度，单位为度（°）和分（′）。格式为 DDFF，其中 DD 为度，FF 为分。

4.16 来源地

国内扁桃种质的来源省、县名称；国外引进扁桃种质的来源国家名称、地区名称或国际组织名称。

4.17 保存单位

扁桃种质引入国家种质资源圃前的原保存单位名称。

4.18 保存单位编号

扁桃种质在原保存单位赋予的种质编号。

4.19 系谱

扁桃选育品种（系）的亲缘关系。

4.20 选育单位

选育扁桃品种（系）的单位名称或个人。

4.21 育成年份

扁桃品种（系）选育成功并通过审定登记的年份。

4.22 选育方法

扁桃品种（系）的育种方法。

4.23 种质类型

扁桃种质类型分为 6 类。

    1   野生资源

     2   地方品种

     3   选育品种

     4   品系

     5   遗传材料

     6   其他

4.24 图像

扁桃种质的图像文件名。图像格式为".JPG"文件。

4.25 观测地点

扁桃种质的形态特征和生物学特性观测地点的名称。

5 形态特征和生物学特性

5.1 树姿

扁桃树的树枝、干的角度大小。

     1   直立

     3   半开张

     5   开张

5.2 树冠形状

扁桃树的树冠形状。

     1   圆锥形

     2   圆头形

     3   丛状形

     4   扁圆形

5.3 一年生枝节间长度

扁桃树一年生枝条节间的平均长度。单位为 cm。

5.4 一年生枝颜色

扁桃树一年生枝的表皮颜色。

     1   淡褐

     2   黄褐

     3   黄绿

     4   绿

5.5 皮孔密度

扁桃树一年生枝上皮孔的密度。

     1   稀

     2   中

　　3　　密
5.6　幼叶颜色
扁桃树展叶期幼叶的颜色。
　　1　黄绿
　　2　绿
　　3　红
　　4　红褐
5.7　叶片颜色
扁桃叶片的颜色。
　　1　浅绿
　　2　绿
　　3　深绿
5.8　叶片形状
扁桃叶片的形状（图1）。
　　1　狭披针形
　　2　长披针形
　　3　宽披针形
　　4　椭圆披针形

图1　叶片形状

5.9　叶面状态
扁桃叶片表面的自然伸展状态。
　　1　平滑
　　2　波状
　　3　皱缩
5.10　叶尖形状
扁桃叶片顶部的形状（图2）。
　　1　渐尖

2　　急尖

图 2　叶尖形状

5.11　叶基形状

扁桃叶片基部的形状（图3）。

　　1　　尖形
　　2　　楔形
　　3　　广楔形

图 3　叶基形状

5.12　叶缘形状

扁桃叶片叶缘锯齿深浅分布情况（图4）。

　　1　　浅齿状
　　2　　中锯齿状
　　3　　深锯齿状

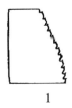  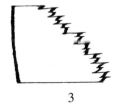

图 4　叶缘形状

5.13 叶片长度

扁桃叶片的长度。单位为 cm。

5.14 叶片宽度

扁桃叶片的宽度。单位为 cm。

5.15 叶柄长度

扁桃叶片叶柄的长度。单位为 cm。

5.16 叶腺数量

扁桃叶片叶柄上着生腺体的数量。单位为个。

5.17 花型

扁桃花朵的形状（图 5）。

    1   蔷薇形

    2   铃形

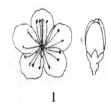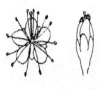

1   2

图 5 花型

5.18 花冠大小

扁桃花朵花冠的大小。单位为 cm。

5.19 花瓣颜色

扁桃花朵花瓣的颜色。

    1   白

    2   浅粉红

    3   粉红

    4   深粉红

5.20 花瓣形状

扁桃花朵花瓣的形状。

    1   圆

    2   倒卵圆

    3   阔椭圆

    4   长圆

5.21 雌蕊数目

扁桃花朵的雌蕊数目。单位为枚。

5.22 雄蕊数目

扁桃花朵的雄蕊数目。单位为枚。

5.23 花药颜色

扁桃花朵花药的颜色。

  1 浅黄

  2 黄

  3 橙黄

5.24 花粉量

扁桃花朵的花粉量。

  1 少

  3 中

  5 多

5.25 萼筒形状

扁桃花朵的萼筒形状。

  1 筒状

  2 杯状

5.26 成枝力

扁桃枝条萌发抽生 30cm 以上长枝的能力。

1 弱

3 中

5 强

5.27 花朵坐果率

扁桃开花后坐果花朵数占总花朵数的比率，以％表示。

5.28 早果性

扁桃植株自定植后开始结果的早晚。

  1 极早

  3 早

  5 中

  7 晚

  9 极晚

5.29 丰产性

扁桃的结实能力。

  1 极差

  3 差

  5 中

    7   强

    9   极强

5.30　稳产性

扁桃连年结果的能力。

    1   极差

    3   差

    5   中

    7   强

    9   极强

5.31　始花期

扁桃第一朵花开放的日期。以"年　月　日"表示，格式为"YYYYMMDD"。

5.32　盛花期

扁桃50%的花朵开放的日期。以"年　月　日"表示，格式为"YYYYMM-DD"。

5.33　果实成熟期

扁桃75%的果实及其核仁的大小、形状、颜色等呈现该品种固有特性的日期。以"年　月　日"表示，格式为"YYYYMMDD"。

5.34　落叶期

扁桃75%的叶片正常脱落的日期。以"年　月　日"表示，格式为"YYYYM-MDD"。

5.35　果顶形状

扁桃成熟果实果顶的形状（图6）。

    1   尖

    2   钝尖

    3   尖圆

    4   偏尖

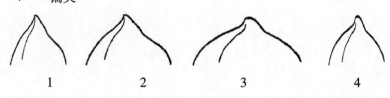

1　　　　　　2　　　　　　3　　　　　　4

图6　果顶形状

5.36　果实颜色

扁桃成熟果实果面的颜色。

    1   浅绿白

    2   黄色

    3   黄绿

    4   橙黄

5.37 果面茸毛

扁桃成熟果实果面茸毛的多少。

    0   无

    1   少

    3   中

    5   多

5.38 果皮开裂程度

扁桃成熟果实外果皮沿缝合线开裂的程度。

    1   不开裂

    3   微开裂

    5   开裂

    7   极开裂

5.39 核果形状

扁桃成熟核果的外观形状（图7）。

    1   圆形

    2   卵圆形

    3   长圆形

    4   尖椭圆

    5   狭长形

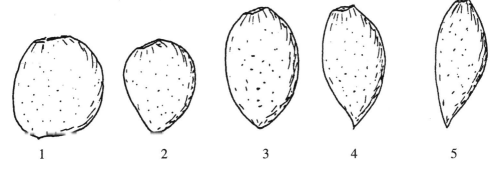

    1   2   3   4   5

图7 核果形状

5.40 壳面纵纹

扁桃成熟核果壳面的纵纹多少。

    1   少

      3   中

      5   多

5.41 核纹大小

扁桃成熟核果壳面的核纹大小。

      1   小

      3   中

      5   大

5.42 核纹深度

扁桃成熟核果壳面的核纹深度特征。

      1   浅

      3   中

      5   深

5.43 核仁类型

扁桃成熟核果核仁的单双仁数。

      1   单仁

      2   双仁

6 品质特性

6.1 核果平均重

扁桃成熟核果阴干后单果的平均重量。单位为 g。

6.2 核果整齐度

扁桃成熟核果个体间大小差异的程度。

      1   不整齐

      3   较整齐

      5   整齐

6.3 核果横径

扁桃成熟核果的横径。单位为 cm。

6.4 核果纵径

扁桃成熟核果的纵径。单位为 cm。

6.5 核壳厚度

扁桃成熟核果的核壳厚度。单位为 mm。

6.6 破壳难易

取核仁时破除扁桃成熟核果难易的程度。

      1   极难

　　3　难

　　5　中

　　7　易

　　9　极易

6.7　核仁面

扁桃成熟核仁表面的粗糙程度。

　　1　粗糙

　　2　中

　　3　平滑

6.8　核仁颜色

扁桃成熟核仁的外观颜色。

　　1　淡褐色

　　2　褐色

　　3　深褐色

6.9　核仁平均重

扁桃成熟核仁阴干后的平均重量。单位为 g。

6.10　核仁横径

扁桃成熟核仁的横径。单位为 cm。

6.11　核仁纵径

扁桃成熟核仁的纵径。单位为 cm。

6.12　出仁率

扁桃成熟核果的核仁重量占核果重量的百分率。单位为%。

6.13　核仁风味

扁桃成熟核仁的口感风味。

　　1　苦

　　3　甜

6.14　仁油脂含量

扁桃成熟核仁的油脂含量。单位为每 100g 仁（干重）油脂的毫克数（mg）。

6.15　仁粗蛋白质含量

扁桃成熟核仁的粗蛋白质含量。单位为每 100g 仁（干重）粗蛋白质的毫克数（mg）。

7　其他特征特性

7.1　染色体数

扁桃体细胞染色体数，$2n = 2x = 16$。

7.2　指纹图谱

扁桃的分子标记类型及其特征参数。

7.3　备注

扁桃种质特殊描述符或特殊代码的具体说明。

四 扁桃种质资源数据标准

序号	代号	描述符	字段名	字段英文名	字段类型	字段长度	字段小数位	单位	代码	代码英文名	例 子
1	101	全国统一编号	统一编号	Accession number	C	6					BTD001
2	102	种质圃编号	圃编号	Field genebank number	C	8					GPBTD001
3	103	引种号	引种号	Introduction number	C	7					1997106
4	104	采集号	采集号	Collecting number	C	10					200565D102
5	105	种质名称	种质名称	Accession name	C	30					扁桃 1 号
6	106	种质外文名	种质外文名	Alien name	C	40					BianTao 1 Hao
7	107	科名	科名	Family	C	30					Rosaceae（蔷薇科）
8	108	属名	属名	Genus	C	40					Prunoideae（李属）
9	109	学名	学名	Species	C	40					A. communis L.（扁桃）
10	110	原产国	原产国	Country of origin	C	20					中国

（续）

序号	代号	描述符	字段名	字段英文名	字段类型	字段长度	字段小数位	单位	代码	代码英文名	例子
11	111	原产省	原产省	Province of origin	C	6					新疆
12	112	原产地	原产地	Origin	C	20					莎车县圣经乡
13	113	海拔	海拔	Altitude	N	5	0	m			800
14	114	经度	经度	Longitude	N	6	0				12720
15	115	纬度	纬度	Latitude	N	5	0				4625
16	116	来源地	来源地	Sample source	C	20					美国
17	117	保存单位	保存单位	Donor institute	C	40					国家果树种质新疆特有果树轮台圃
18	118	保存单位编号	保存单位编号	Donor accession number	C	10					1985013012
19	119	系谱	系谱	Pedigree	C	60					
20	120	选育单位	选育单位	Breeding institute	C	40					国家果树种质新疆特有果树轮台圃

（续）

序号	代号	描述符	字段名	字段英文名	字段类型	字段长度	字段小数位	单位	代码	代码英文名	例子
21	121	育成年份	育成年份	Releasing year	N	4		年			1986
22	122	选育方法	选育方法	Breeding merhods	C	30					地方品种
23	123	种质类型	种质类型	Biological status of accession	C	10			1：野生资源 2：地方品种 3：选育品种 4：品系 5：遗传材料 6：其他	1：Wild 2：Traditional cultivar/Landrace 3：Advanced/improved cultivar 4：Breeding line 5：Genetic stocks 6：Other	品系
24	124	图像	图像	Image file name	C	30					BTD001.jpg
25	125	观测地点	观测地点	Observation location	C	20					新疆轮台
26	201	树姿	树姿	Tree form	C	6			1：直立 3：半开张 5：开张	1：Upright 3：Part opening 5：Opening	开张
27	202	树冠形状	树冠形状	Crown shape	C	6			1：圆锥形 2：圆头形 3：丛状形 4：扁圆形	1：Globose conical 2：Globose 3：Bunch 4：Oblate	圆头形

（续）

序号	代号	描述符	字段名	字段英文名	字段类型	字段长度	字段小数位	单位	代码	代码英文名	例子
28	203	一年生枝节间长度	节间长度	Length of internodes in 1-year-old shoot	N	4	1	cm			4.3
29	204	一年生枝色	一年生枝色	Color of 1-year-old shoot	C	4			1:淡褐 2:黄褐 3:黄绿 4:绿	1:Light brown 2:Yellow brown 3:Yellow green 4:Green	淡褐
30	205	皮孔密度	皮孔密度	Lenticel density	C	2			1:稀 2:中 3:密	1:Sparse 2:Intermediate 3:Dense	稀
31	206	幼叶颜色	幼叶颜色	Delicate leaf color	C	4			1:黄绿 2:绿 3:红 4:红褐	1:Yellow green 2:Green 3:Red 4:Red brown	红褐
32	207	叶片颜色	叶片颜色	Leaf Color	C	4			1:浅绿 2:绿 3:深绿	1:Light green 2:Green 3:Deep green	深绿
33	208	叶片形状	叶片形状	Leaf shape	C	10			1:狭披针 2:长披针形 3:宽披针形 4:椭圆披针形	1:Narrow lanceolate 2:Long lanceolate 3:Wide lanceolate 4:Ellipse lanceolate	宽披针形

（续）

序号	代号	描述符	字段名	字段英文名	字段类型	字段长度	字段小数位	单位	代码	代码英文名	例子
34	209	叶面状态	叶面状态	Leaf surface status	C	4			1：平展 2：波状 3：皱缩	1：Flat and Smooth 2：Winding 3：Wrinkle lanceolate	波状
35	210	叶尖形状	叶尖形状	Leaf tip shape	C	4			1：渐尖 2：急尖	1：Acuminate 2：Acute	渐尖
36	211	叶基形状	叶基形状	Leaf base shape	C	6			1：尖形 2：楔形 3：广楔形	1：Sharp 2：Cuneate 3：Wide-cuneate	楔形
37	212	叶缘形状	叶缘形状	Leaf margin shape	C	6			1：钝锯齿 2：粗锯齿 3：细锯齿	1：Blunt 2：Dentate 3：Serrulate	粗锯齿
38	213	叶片长度	叶片长度	Leaf length	N	4	1	cm			15.2
39	214	叶片宽度	叶片宽度	Leaf width	N	4	1	cm			2.8
40	215	叶柄长度	叶柄长度	Petiole length	N	4	1	cm			3.5
41	216	叶腺数量	叶腺数量	Nectary number	N	1	0	个			4
42	217	花型	花型	Form of flower	C	6			1：蔷薇形 2：铃形	1：Rose form 2：Bell form	蔷薇形
43	218	花冠大小	花冠大小	Size of corolla	N	4	1	cm			2.1

（续）

序号	代号	描述符	字段名	字段英文名	字段类型	字段长度	字段小数位	单位	代码	代码英文名	例子
44	219	花瓣颜色	花瓣颜色	Petal color	C	6			1：白 2：浅粉红 3：粉红 4：深粉红	1：White 2：Light pink 3：Pink 4：Deep pink	浅粉红
45	220	花瓣形状	花瓣形状	Petal shape	C	6			1：圆 2：倒卵圆 3：阔椭圆 4：长圆	1：Round 2：Ovatus 3：Olliptic 4：Oblongus	长圆
46	221	雌蕊数目	雌蕊数目	Number of pistil（with stamen）	N	1	0	枚			2
47	222	雄蕊数目	雄蕊数目	Number of stamen	N	2	0	枚			32
48	223	花药颜色	花药颜色	Anther color	C	4			1：浅黄 2：黄 3：橙黄	1：Low Yellow 2：Yellow 3：Orange Yellow	橙黄
49	224	花粉量	花粉量	Amount of pollen	C	2			1：少 3：中 5：多	1：Little 3：Medium 5：Much	中
50	225	萼筒形状	萼筒形状	Shape of calyx tube	C	4			1：筒状 2：杯状	1：Tube form 2：Cup form	杯状

（续）

序号	代号	描述符	字段名	字段英文名	字段类型	字段长度	字段小数位	单位	代码	代码英文名	例子
51	226	成枝力	成枝力	Ability of growing long shoot	C	2			1:弱 3:中 5:强	1:Low 3:Medium 5:High	弱
52	227	花朵坐果率	花朵坐果率	Fruit setting proportion	N	3	0	%			28
53	228	早果性	早果性	Character of early bearing	C	4			1:极早 3:早 5:中 7:晚 9:极晚	1:Extremely early 3:Early 5:Medium 7:Late 9:Extremely late	中
54	229	丰产性	丰产性	Yield efficiency	C	4			1:极差 3:差 5:中 7:强 9:极强	1:Extremely low 3:Low 5:Medium 7:High 9:Extremely high	中
55	230	稳产性	稳产性	Stable of yields	C	4			1:极差 3:差 5:中 7:强 9:极强	1:Extremely low 3:Low 5:Medium 7:High 9:Extremely high	中
56	231	始花期	始花期	Date of early blooming	D	8					20040420

（续）

序号	代号	描述符	字段名	字段英文名	字段类型	字段长度	字段小数位	单位	代码	代码英文名	例子
57	232	盛花期	盛花期	Date of full blooming	D	8					20030424
58	233	果实成熟期	果实成熟期	Date of harvest maturity	D	8					20040916
59	234	落叶期	落叶期	Defoliation date	D	8					20041026
60	235	果顶形状	果顶形状	Fruit top shape	C	4			1:尖 2:钝尖 3:尖圆 4:偏尖	1:Concave 2:Round-flat 3:Convex 4:Sharp round	钝尖
61	236	果实颜色	果实颜色	Fruit color	C	6			1:浅绿白 2:黄色 3:黄绿 4:橙黄	1:Light green-white 2:Yellow 3:Yellow-green 4:Orange-yellow	黄绿
62	237	果面茸毛	果面茸毛	Pubescence of skin	C	2			0:无 1:少 3:中 5:多	0:Absent 1:Little 3:Medium 5:Much	有
63	238	果皮开裂程度	果皮开裂程度	Suture opening of the shell	C	6			1:不开裂 3:微开裂 5:开裂 7:极开裂	1:Excellent seal 2:Small crack 3:Open 4:Very wide	微开裂

（续）

序号	代号	描述符	字段名	字段英文名	字段类型	字段长度	字段小数位	单位	代码	代码英文名	例子
64	239	核果形状	核果形状	Shape of stone	C	6			1：圆形 2：卵圆形 3：长圆形 4：尖椭圆 5：狭长形	1：Round 2：Ovate 3：Oblong 4：Cordate 5：Narrow	长椭圆
65	240	壳面纵纹	壳面纵纹	Vertical vein on shell surface	C	2			1：少 3：中 5：多	1：Little 3：Medium 5：Much	中
66	241	核纹大小	核纹大小	Size of stone veins	C	2			1：小 3：中 5：大	1：Small 3：Medium 5：Big	中
67	242	核纹深度	核纹深度	Depth of stone veins	C	2			1：浅 3：中 5：深	1：Thin 3：Medium 5：Thick	中
68	243	核仁类型	核仁类型	Type of seed－kernel	C	4			1：双仁 2：单仁	1：Double Kernel 2：Single Kernel	单仁
69	301	核果平均重	核果平均重	Weight of nut degree	N	4	1	g			7.9
70	302	核果整齐度	核果整齐度	Nut degree of uniformity	C	6			1：不整齐 3：较整齐 5：整齐	1：I-regularity 3：As a rule 5：Regularity	整齐

（续）

序号	代号	描述符	字段名	字段英文名	字段类型	字段长度	字段小数位	单位	代码	代码英文名	例子
71	303	核果横径	核果横径	Cross diameter of nut degree	N	4	1	cm			1.5
72	304	核果纵径	核果纵径	Longitudinal diameter of nut degree	N	4	1	cm			2.3
73	305	核壳厚度	核壳厚度	Shell thickness of nut degree	N	4	1	mm			1.1
74	306	破壳难易	破壳难易	Break shell	C	4			1:极难 3:难 5:中 7:易 9:极易	1:Extremely hard 3:Hard 5:Medium 7:Easy 9:Extremely easy	易
75	307	核仁面	核仁面	Shape of kernel	C	4			1:粗糙 2:中 3:平滑	1:Coarse 2:Medium 3:Smooth	平滑
76	308	核仁颜色	核仁颜色	Color of kernel	C	6			1:淡褐色 2:褐色 3:深褐色	1:Light brown 2:Brown 3:Deep brown	淡褐色
77	309	核仁平均重	核仁平均重	Weight of kernel	N	4	1	g			1.2

（续）

序号	代号	描述符	字段名	字段英文名	字段类型	字段长度	字段小数位	单位	代码	代码英文名	例子
78	310	核仁横径	核仁横径	Cross diameter of kernel	N	4	1	cm			1.2
79	311	核仁纵径	核仁纵径	Longitudinal diameter of kernel	N	4	1	cm			2.1
80	312	出仁率	出仁率	kernel rate	N	4	1	%			41.3
81	313	核仁风味	核仁风味	kernel flavor	C	2			1:苦 3:甜	1:bitter 3:Sweet	甜
82	314	仁油脂含量	仁油脂含量	Fat content	N	4	1	mg/100g			15.5
83	315	仁粗蛋白质含量	仁蛋白含量	Crude protein content	N	4	1	mg/100g			10.6
84	401	染色体数	染色体数	Chromosome number	N	2	0				16
85	402	指纹图谱	指纹图谱	Molecular marker	C						
86	403	备注	备注	Remarks	C						

五　扁桃种质资源数据质量控制规范

1　范围

本规范规定了扁桃种质资源数据采集过程中的质量控制内容和方法。
本规范适用于扁桃种质资源的收集、整理、鉴定、评价和信息共享。

2　规范性引用文件

下列文件中的条款通过本规范的引用而成为本规范的条款。凡是注日期的引用文件，其随后所有的修改单（不包括勘误的内容）或修订版均不适用于本规范，然而，鼓励根据本规范达成协议的各方研究是否可使用这些文件的最新版本。凡是不注日期的引用文件，其最新版本适用于本规范。

ISO 3166　Codes for the Representation of Names Countries

GB/T 2659　世界各国和地区名称代码

GB/T 2260　中华人民共和国行政区划代码

GB/T 12404　单位隶属关系代码

GB 8855—1988　新鲜水果和蔬菜的取样方法

GB/T 10220—1988　感官分析方法总论

GB/T 12316—1990　感官分析方法 "A" –非 "A" 检验

GB/T 5009.5—2003　食品中蛋白质的测定

GB/T 5009.6—2003　食品中脂肪的测定

3　数据质量控制的基本方法

3.1　形态特征和生物学特性观测试验设计
3.1.1　试验地点

试验地点的气候和生态条件应该能够满足扁桃植株的正常生长及其性状的正常表达。

3.1.2　田间设计

一般选择 10 年生的结果树，以单株为小区，3 次重复。

形态特征和生物学特性观测试验应设置对照品种，试验地周围应设保护行或保护区。

3.2　栽培环境条件控制

扁桃树是多年生木本植物，生长受环境及人为因素影响很大。因此，应对整个试验区进行统一规划与管理，尽量消除环境与人为的影响，保证所采集的试验数据的可比性和可靠性。

试验地土质应具有当地的代表性，远离污染源，无人畜侵扰，附近无高大的建筑物。试验田管理与当地生产田基本一致，及时进行病虫害防治，保证植株的正常生长。

3.3　数据采集

形态特征和生物学特性观测试验原始数据的采集应在种质正常生长情况下获得。如遇自然灾害等因素影响植株正常生长，应重新进行观测试验和数据采集。

3.4　试验数据统计分析和校正

每份种质资源的形态特征和生物学特性观测数据，依据对照品种进行校验。根据 3 个年度以上的观测值，计算每份种质性状的平均值、变异系数和标准差，并进行方差计算，判断观测结果的稳定性和可靠性。取校验值的平均值作为该种质的性状值。

4　基本信息

4.1　全国统一编号

全国统一编号是由 "BT" 加国家种质资源圃代号，加三位顺序号的 6 位字符串组成，如 "BTD011"。其中 "BT" 代表扁桃种质资源，"D" 代表国家果树种质新疆特有果树轮台圃，后三位为顺序号，从 "001" 到 "999"，代表具体扁桃种质的编号。全国统一编号具有唯一性。

4.2　圃编号

圃编号指扁桃种质进入国家种质资源圃时，由国家种质资源圃编写的号码。编号为 8 位字符串，由 "GPBT" 加国家种质资源圃代号，加三位顺序号组成。如 "GPBTD102"，其中 "GPBTD" 代表国家果树种质新疆特有果树轮台圃中的扁桃种质资源，后三位为顺序码，从 "001" 到 "999"。只有已进入国家种质资源圃保存的种质才有种质圃编号。每份种质具有唯一的种质圃编号。

4.3　引种号

引种号是由年份加三位顺序号组成的 7 位字符串，如 "2004102"，其中

"2004"代表引进的年份，后三位为顺序码，从"001"到"999"。引进的每份种质资源都具有唯一的引种号。

4.4 采集号

在野外采集扁桃种质时的编号，一般由年份加2位省（直辖市、自治区）份代码加三位顺序号组成，如"200565102"，其中"200565"代表采集扁桃资源的年份和省（直辖市、自治区）份，后三位为顺序码，从"001"到"999"。

4.5 种质名称

国内种质的原始名称和国外引进种质的中文译名，可放在英文括号内，用英文逗号隔开，如"种质名称1（种质名称2，种质名称3）"。国外引进的种质如果没有对应的中文译名，可直接填写种质的外文名，并用汉语拼音标注发音。

4.6 种质外文名

国外引进种质的外文名和国内种质的汉语拼音名。外文以英文为主，当引进国语言为非英文时，可直接使用引进国文字，但须用汉语拼音标注发音；每个汉字的汉语拼音之间空一格，每个汉字的汉语拼音的首字母大写。

4.7 科名

科名由拉丁名加英文括号内的中文名组成，如"Rosaceae（蔷薇科）"。如果没有中文名，直接填写拉丁名。

4.8 属名

属名由拉丁名加英文括号内的中文名组成，拉丁文用斜体，如"*Prunoideae*（李属），*Amygdalus*（扁桃亚属）"。如果没有中文名，直接填写拉丁文名。

4.9 学名

学名由拉丁名加英文括号内的中文名组成，拉丁文用斜体。如"*Amygdalus communis* L.（扁桃）"。如果没有中文名，直接填写拉丁文名。

4.10 原产国

扁桃种质的原产国家名称、地区名称或国际组织名称。国家名称和地区名称参照 ISO 3166 和 GB/T 2659 的规定填写，如该国家已不存在，应在原国家名称前加"原"，如"原苏联"。国际组织名称用该组织的外文缩写。

4.11 原产省

国内扁桃种质原产省（直辖市、自治区）份名称，省（直辖市、自治区）份名称参照 GB/T 2260 的规定填写；国外引进种质原产省用原产国一级行政区的名称。

4.12 原产地

国内扁桃种质的原产县、乡、村名称。县名参照 GB/T 2260 填写。

4.13 海拔

扁桃种质原产地的海拔高度。单位为 m，取整数。

4.14　经度

扁桃种质原产地的经度单位为度（°）和分（′）。格式为 DDDFF，其中 DDD 为度，FF 为分。东经为正值，西经为负值，例如，"12720"代表东经127°20′。

4.15　纬度

扁桃种质原产地的纬度单位为度（°）和分（′）。格式为 DDFF，其中 DD 为度，FF 为分。北纬为正值，南纬为负值，例如，"4625"代表北纬46°25′。

4.16　来源地

国内扁桃种质的来源省（直辖市、自治区）、县名称，国外引进种质的来源国家名称、地区名称或国际组织名称。国家名称、地区名称或国际组织名称同4.10，省和县名称参照 GB/T 2260。

4.17　保存单位

保存扁桃种质的单位名称。单位名称应写全称，例如"郑州果树研究所"。

4.18　保存单位编号

扁桃种质在保存单位被赋予的种质编号。保存单位编号在同一保存单位应具有唯一性。

4.19　系谱

扁桃选育品种（系）的亲缘关系。

4.20　选育单位

选育扁桃品种（系）的单位或个人的名称。单位名称应写全称，例如"新疆农业科学院轮台国家果树资源圃"。

4.21　育成年份

扁桃品种（系）选育成功并通过审定登记的年份，如"1998"。

4.22　育成方法

扁桃品种（系）的选育方法，如"杂交育种"。

4.23　种质类型

保存的扁桃种质类型，分为6类。

　　　　1　　野生资源
　　　　2　　地方品种
　　　　3　　选育品种
　　　　4　　品系
　　　　5　　遗传材料
　　　　6　　其他

4.24　图像

扁桃种质的图像文件名，图像格式为".JPG"文件。图像文件名由全国统一编号加半连号"－"加序号加".JPG"构成。同一扁桃种质资源的多个图像文件名用分号分隔，例如，"BTD011 – 1. JPG；BTD011 – 2. JPG"。图像对象主要包括植株、花、果实、特异性状等。图像要清晰，对象要突出。

4.25 观测地点

扁桃种质的形态特征和生物学特性观测地点的名称，记录到省（直辖市、自治区）和县名，名称参照 GB/T 2260。

5 形态特征和生物学特性

5.1 树姿

选取成龄结果树，采用目测和量角器测量相结合的方法，观察和测量植株 3 个基部主枝中心轴线与主干轴线的夹角。

观察和测量出的夹角平均值依据下列说明，确定其树姿。

> 1　　直立（角度 < 40°）
> 3　　半开张（角度 40° ~ 60°）
> 5　　开张（角度 > 60°）

5.2 树冠形状

选取成龄结果树，采用目测观察树冠的形状，确定其冠形。

> 1　　圆锥形
> 2　　圆头形
> 3　　丛状形
> 4　　扁圆形

5.3 一年生枝节间长度

选取成龄结果树，用卷尺测量 10 根发育充实的 1 年生枝条中部节间的长度，计算其平均值。单位为 cm，精确到 0.1 cm。

5.4 一年生枝颜色

选取成龄结果树，在正常一致的光照条件下，用比色卡目测观察 10 根发育充实的一年生枝条的颜色。

根据观测结果，按照最大相似性原则，确定一年生枝条的颜色。

> 1　　淡褐
> 2　　黄褐
> 3　　黄绿
> 4　　绿

5.5 皮孔密度

选取成龄结果树，采用目测法观察扁桃成龄树一年生枝中部 2 cm 长的皮孔数，确定皮孔的疏密。

　　1　稀（皮孔数≤4）

　　2　中（4＜皮孔数＜8）

　　3　密（皮孔数≥8）

5.6　幼叶颜色

　　选取成龄结果树，在正常一致的光照条件下，用比色卡目测观察10个叶芽展叶初期的颜色。

　　根据观测结果，按照最大相似性原则，确定幼叶的颜色。

　　1　黄绿

　　2　绿

　　3　红

　　4　红褐

5.7　叶片颜色

　　选取成龄结果树，在春梢停止生长期，在正常一致的光照条件下，用比色卡目测观察10片叶片的颜色。

　　根据观测结果，按照最大相似性原则，确定叶片的颜色。

　　1　浅绿

　　2　绿

　　3　深绿

5.8　叶片形状

　　选取成龄结果树，在春梢停止生长期，采用目测法观测10片叶的形状。

　　根据观测结果，按照最大相似性原则，参照叶形模式图，确定其叶形。

　　1　狭披针形

　　2　长披针形

　　3　宽披针形

　　4　椭圆披针形

5.9　叶面状态

　　选取成龄结果树，在春梢停止生长期，采用目测法观测10片叶的叶片自然伸展状态。

　　根据观测结果，确定其叶面状态。

　　1　平滑

　　2　波状

　　3　皱缩

5.10　叶尖形状

　　选取成龄结果树，在春梢停止生长期，采用目测法观测10片叶的叶尖形状。

　　根据观测结果，按照最大相似性原则，参照叶尖模式图，确定其叶尖形状。

    1   渐尖

    2   急尖

5.11 叶基形状

选取成龄结果树，在春梢停止生长期，采用目测法观测 10 片叶的叶基形状。根据观测结果，按照最大相似性原则，参照叶基模式图，确定其叶基形状。

    1   尖形

    2   楔形

    3   广楔形

5.12 叶缘形状

选取成龄结果树，在春梢停止生长期，采用日测法观测 10 片叶的叶缘形状。根据观测结果，按照最大相似性原则，参照叶缘模式图，确定其叶缘形状。

    1   浅齿状

    2   中锯齿状

    3   深锯齿状

5.13 叶片长度

选取成龄结果树，在春梢停止生长期，用卷尺测量 10 根一年生枝条中部着生成熟叶片从叶基至叶尖的长度，计算其平均值。单位为 cm，精确到 0.1cm。

5.14 叶片宽度

选取成龄结果树，在春梢停止生长期，用卷尺测量 10 根一年生枝条中部着生成熟叶片最宽处的宽度，计算其平均值。单位为 cm，精确到 0.1cm。

5.15 叶柄长度

选取成龄结果树，在春梢停止生长期，用卷尺测量 10 根一年生枝条中部着生的成熟叶片叶柄的长度，计算其平均值。单位为 cm，精确到 0.1cm。

5.16 叶腺数量

选取成龄结果树，在春梢停止生长期，采用目测法观测 10 片成熟叶片叶柄上着生腺体的数量。

根据观测结果，计算其平均值。单位为个。

5.17 花型

选取成龄结果树，在盛花期，采用目测法观测 10 朵完全展开花朵的形状。根据观测结果，按照最大相似性原则，参照叶缘模式图，确定花朵的形状。

    1   蔷薇形

    2   铃形

5.18 花冠大小

选取成龄结果树，在盛花期，用直尺测量 10 朵完全展开花朵的花冠大小，计算其平均值。单位为 cm，精确到 0.1cm。

5.19　花瓣颜色

选取成龄结果树，在正常一致的光照条件下，用比色卡目测观察10朵完全展开花朵花瓣的颜色。

根据观测结果，按照最大相似性原则，确定花瓣的颜色。

1　　白

2　　浅粉红

3　　粉红

4　　深粉红

5.20　花瓣形状

选取成龄结果树，在盛花期，采用目测法观测10朵完全展开花朵的花瓣形状。

根据观测结果，按照最大相似性原则，确定其花瓣的形状。

1　　圆

2　　倒卵圆

3　　阔椭圆

4　　长圆

5.21　雌蕊数目

选取成龄结果树，在盛花期，采用目测法观测10朵完全展开花朵的雌蕊数目，计算其平均值。单位为枚。

5.22　雄蕊数目

选取成龄结果树，在盛花期，采用目测法观测10朵完全展开花朵的雄蕊数目，计算其平均值。单位为枚。

5.23　花药颜色

选取成龄结果树，在正常一致的光照条件下，用比色卡目测观察10朵完全展开花朵花药的颜色。

根据观测结果，按照最大相似性原则，确定花药的颜色。

1　　浅黄

2　　黄

3　　橙黄

5.24　花粉量

选取成龄结果树，目测观察10朵完全展开花朵的花粉量，与对照种质比较，确定种质的花粉量。

1　　少

3　　中

5　　多

5.25 萼筒形状

选取成龄结果树，在盛花期，采用目测法观测 10 朵完全展开花朵的萼筒形状。

根据观测结果，按照最大相似性原则，确定其萼筒形状。

  1 筒状

  2 杯状

5.26 成枝力

选取处于休眠期的成龄结果树，统计 10 根二年生枝条上抽生 30cm 以上的长枝数，计算二年生枝条抽生长枝数的平均值。

依据计算的平均值及下列说明，确定其成枝力。

  1 弱（<1）

  3 中（2~4）

  5 强（>4）

5.27 花朵坐果率

选取成龄结果树，在花期标记 100 朵花，花后 1 个月调查坐果数。以% 表示，精确到整数位。

5.28 早果性

统计观察 3 株生长正常的扁桃从定植、嫁接至开始结果的年数。单位为 a。

根据观测结果及下列说明，确定其早果性。

  1 极早（<2a）

  3 早（2~3a）

  5 中（4~5a）

  7 晚（6~7a）

  9 极晚（>7a）

5.29 丰产性

选取成龄结果树，调查统计求其平均单株干果产量。单位为 kg，精确到 0.1kg/株。

根据统计计算结果的值及下列说明，确定其丰产性。

  1 极差（<1.0 kg）

  3 差（1.0~3.9 kg）

  5 中（4.0~6.9 kg）

  7 强（7.0~9.0 kg）

  9 极强（>9.0 kg）

5.30 稳产性

选取成龄结果树，连续 5 年调查统计其干果产量。计算并统计其平均单株干果产量变异系数（CV）绝对值的平均值。$CV =$ ［（年度产量与 5 年平均产量的差）/5 年平均产量］ $\times 100\%$。

根据统计计算结果的值及下列说明，确定其稳产性。

1　极差（$>16\%$）

3　差（$16\% \sim 13\%$）

5　中（$13\% \sim 9\%$）

7　强（$9\% \sim 5\%$）

9　极强（$<5\%$）

5.31　始花期

选取成龄结果树，采用目测法观察其第一朵花开放的日期。以"年　月　日"表示，格式为"YYYYMMDD"。

5.32　盛花期

选取成龄结果树，采用目测法观察并统计其 50% 的花开放的日期。以"年　月　日"表示，格式为"YYYYMMDD"。

5.33　果实成熟期

选取成龄结果树，采用目测法观察并统计其 75% 果实及其核仁的大小、形状、颜色等呈现该品种固有特性的日期。以"年　月　日"表示，格式为"YYYYMMDD"。

5.34　落叶期

选取成龄结果树，采用目测法观察并统计其 75% 的叶片正常脱落的日期。以"年　月　日"表示，格式为"YYYYMMDD"。

5.35　果顶形状

选取 10 个生长发育正常的果实，采用目测法观察果实顶部的形状。

根据观测结果，按照最大相似性原则，参照果顶模式图，确定果顶的形状。

1　尖

2　钝尖

3　尖圆

4　偏尖

5.36　果实颜色

选取 10 个生长发育正常的果实，在正常一致的光照条件下，用比色卡目测观察果实的颜色。

根据观测结果，按照最大相似性原则，确定果实的颜色。

1　浅绿白

2　黄色

3　黄绿

　　4　　橙黄

5.37　果面茸毛

选取 10 个生长发育正常的果实，采用目测法观察果实果面茸毛的有无及多少。

　　0　　无
　　1　　少
　　3　　中
　　5　　多

5.38　果皮开裂程度

选取 10 个生长发育正常的果实，采用目测法观察和沿果实缝合线环切分离果核与外果皮的方法结合，观察外果皮沿缝合线开裂的程度。

依据观察的结果及下列说明，确定外果皮沿缝合线开裂的程度。

　　1　　不开裂（成熟时外果皮不开裂）
　　3　　微开裂（成熟时外果皮微开裂小缝）
　　5　　开裂（成熟时外果皮裂开）
　　7　　极开裂（成熟时坚果可从外果皮开裂处掉落）

5.39　核果形状

随机选取 10 个正常成熟的核果，采用目测法观察核果的形状。

根据观测结果，按照最大相似性原则，参照核形模式图，确定核果的形状。

　　1　　圆形
　　2　　卵圆形
　　3　　长圆形
　　4　　尖椭圆
　　5　　狭长形

5.40　壳面纵纹

随机选取 10 个正常成熟的核果，采用目测法观察核果壳面纵纹的多少。

根据观测结果，确定核果壳面纵纹的多少。

　　1　　少
　　3　　中
　　5　　多

5.41　核纹大小

随机选取 10 个正常成熟的核果，采用目测法观察核果壳面核纹的大小。

根据观测结果，确定核果壳面核纹的大小。

　　1　　小
　　3　　中

　　5　大

5.42　核纹深度

随机选取 10 个正常成熟的核果，采用目测法观察核果壳面核纹的深度特征。根据观测结果，确定核果壳面核纹的深度特征。

　　1　浅
　　3　中
　　5　深

5.43　核仁类型

随机选取 10 个正常成熟的核果，采用目测法调查除去坚果皮后种仁的个数。含有一粒种仁即为单仁，两粒种仁即为双仁。

根据调查结果及下列说明，确定其种仁的类型。

　　1　单仁（双仁率＜20％）
　　2　双仁（双仁率≥20％）

6　品质特性

6.1　核果平均重

随机选取 10 个正常成熟晾干的核果，用天平称重，取平均值。单位为 g，精确到 0.1g。

6.2　核果整齐度

随机选取 10 个正常成熟晾干的核果，用天平称重，计算并统计其变异系数（CV）绝对值的平均值（M）。CV＝［（单果重量与果重平均值的差）/果重平均值］×100％。

根据统计计算结果及下列说明，确定其整齐度。

　　1　不整齐（M＞15％）
　　3　较整齐（10％≤M≤15％）
　　5　整齐（M＜10％）

6.3　核果横径

随机选取 10 个正常成熟晾干的核果，用游标卡尺测量其横径，取平均值。单位为 cm，精确到 0.1cm。

6.4　核果纵径

随机选取 10 个正常成熟晾干的核果，用游标卡尺测量其纵径，取平均值。单位为 cm，精确到 0.1cm。

6.5　核壳厚度

随机选取 10 个正常成熟晾干的核果，用游标卡尺测量其核壳的厚度，取平均值。单位为 mm，精确到 0.1mm。

6.6 破壳难易

随机选取 10 个正常成熟晾干的核果，破除扁桃成熟核果取核仁，确定其破壳难易程度。

  1 极难
  3 难
  5 中
  7 易
  9 极易

6.7 核仁面

随机选取 10 个正常成熟晾干的核果取核仁，采用目测法根据仁面皱纹、凸起及手感光滑程度来确定该核仁表面的粗糙程度。

根据观测结果，确定核仁表面的粗糙程度。

  1 粗糙
  2 中
  3 平滑

6.8 核仁颜色

随机选取 10 个正常成熟晾干的坚果取仁，在正常一致的光照条件下，用比色卡目测观察核仁的颜色。

根据观测结果，按照最大相似性原则，确定核仁的颜色。

  1 淡褐色
  2 褐色
  3 深褐色

6.9 核仁平均重

随机选取 10 个正常成熟晾干的坚果取仁，用天平称核仁重量，取平均值。单位为 g，精确到 0.1g。

6.10 核仁横径

随机选取 10 个正常成熟晾干的核仁，用游标卡尺测量其横径，取平均值。单位为 cm，精确到 0.1cm。

6.11 核仁纵径

随机选取 10 个正常成熟晾干的核仁，用游标卡尺测量其纵径，取平均值。单位为 cm，精确到 0.1cm。

6.12 出仁率

随机选取 10 个正常成熟晾干的核果取仁，用天平分别称核仁和核果的重量，计算核仁和核果重量的比值，取平均值。单位为%，精确到 0.1%。

6.13　核仁风味

随机选取 10 个正常成熟晾干的核果取仁，采用品尝方式调查其核仁的口感风味。

根据品尝结果，确定核仁的口感风味。

　　　　1　　苦

　　　　3　　甜

6.14　仁油脂含量

随机选取 30 个正常成熟晾干的核果取仁，按 GB/T 5009.6—2003 测量其油脂含量。单位为每 100g 仁（干重）油脂的毫克数（mg）。

6.15　仁粗蛋白质含量

随机选取 30 个正常成熟晾干的核果取仁，按 GB/T 5009.6—2003 测量其粗蛋白质含量。单位为每 100g 仁（干重）粗蛋白质的毫克数（mg）。

7　其他特征特性

7.1　染色体数

于生长期取幼叶或芽，采用去壁低渗法观测染色体数。按照下列程序处理：

采样—冲洗—前低渗处理—前固定—酶解—后低渗—后固定—涂片—染色—镜检。单位为条。

扁桃染色体数 $2n = 2x = 16$

7.2　指纹图谱

对进行过指纹图谱分析或重要性状分子标记的扁桃种质，记录指纹图谱或分子标记的方法，并注明所用引物、特征带的分子大小或序列，以及所标记的性状和连锁距离。

7.3　备注

扁桃种质特殊描述符或特殊代码的具体说明。

六   扁桃种质资源数据采集表

1 基本信息			
全国统一编号（1）		种质圃编号（2）	
引种号（3）		采集号（4）	
种质名称（5）		种质外文名（6）	
科名（7）		属名（8）	
学名（9）		原产国（10）	
原产省（11）		原产地（12）	
海拔（13）	m	经度（14）		纬度（15）	
来源地（16）		保存单位（17）	
保存单位编号（18）		系谱（19）	
选育单位（20）		育成年份（21）		选育方法（22）	
种质类型（23）	1：野生资源 2：地方品种 3：选育品种 4：品系 5：遗传材料 6：其他		
图像（24）		观测地点（25）	
2 形态特征和生物学特性			
树姿（26）	1：直立 3：半开张 5：开张		
树冠形状（27）	1：圆锥形 2：圆头形 3：丛状形 4：扁圆形		
一年生枝节间长度（28）	cm		
一年生枝颜色（29）	1：淡褐 2：黄褐 3：黄绿 4：绿		
皮孔密度（30）	1：稀 2：中 3：密		
幼叶颜色（31）	1：黄绿 2：绿 3：红 4：红褐		
叶片颜色（32）	1：浅绿 2：绿 3：深绿		
叶片形状（33）	1：狭披针形 2：长披针形 3：宽披针形 4：椭圆披针形		
叶面状态（34）	1：平滑 2：波状 3：皱缩		

（续）

2　形态特征和生物学特性	
叶尖形状（35）	1：渐尖　2：急尖
叶基形状（36）	1：尖形　2：楔形　3：广楔形
叶缘形状（37）	1：浅齿状　2：中锯齿状　3：深锯齿状
叶片长度（38）	cm
叶片宽度（39）	cm
叶柄长度（40）	cm
叶腺数量（41）	个
花型（42）	1：蔷薇形　2：铃形
花冠大小（43）	cm
花瓣颜色（44）	1：白　2：浅粉红　3：粉红　4：深粉红
花瓣形状（45）	1：圆　2：倒卵圆　3：阔椭圆　4：长圆
雌蕊数目（46）	枚
雄蕊数目（47）	枚
花药颜色（48）	1：浅黄　2：黄　3：橙黄
花粉量（49）	1：少　3：中　5：多
萼筒形状（50）	1：筒状　2：杯状
成枝力（51）	1：弱　3：中　5：强
花朵坐果率（52）	%
早果性（53）	1：极早　3：早　5：中　7：晚　9：极晚
丰产性（54）	1：极差　3：差　5：中　7：强　9：极强
稳产性（55）	1：极差　3：差　5：中　7：强　9：极强
始花期（56）	
盛花期（57）	
果实成熟期（58）	
落叶期（59）	
果顶形状（60）	1：尖　2：钝尖　3：尖圆　4：偏尖
果实颜色（61）	1：浅绿白　2：黄色　3：黄绿　4：橙黄
果面茸毛（62）	0：无　1：少　3：中　5：多
果皮开裂程度（63）	1：不开裂　3：微开裂　5：开裂　7：极开裂

（续）

2 形态特征和生物学特性	
核果形状（64）	1：圆形　2：卵圆形　3：长圆形　4：尖椭圆　5：狭长形
壳面纵纹（65）	1：少　3：中　5：多
核纹大小（66）	1：小　3：中　5：大
核纹深度（67）	1：浅　3：中　5：深
核仁类型（68）	1：单仁　2：双仁
3 品质特性	
核果平均重（69）	g
核果整齐度（70）	1：不整齐　3：较整齐　5：整齐
核果横径（71）	cm
核果纵径（72）	cm
核壳厚度（73）	mm
破壳难易（74）	1：极难　3：难　5：中　7：易　9：极易
核仁面（75）	1：粗糙　2：中　3：平滑
核仁颜色（76）	1：淡褐色　2：褐色　3：深褐色
核仁平均重（77）	g
核仁横径（78）	cm
核仁纵径（79）	cm
出仁率（80）	%
核仁风味（81）	1：苦　3：甜
仁油脂含量（82）	100g 仁（干重）的毫克数（mg）
仁粗蛋白质含量（83）	100g 仁（干重）的毫克数（mg）
4 其他特征特性	
染色体数（84）	
指纹图谱与分子标记（85）	
备注（86）	

填表人：　　　　　审核人：　　　　　填表日期：　　　年　　　月　　　日

七　扁桃种质资源利用情况报告格式

1　种质利用概况

每年提供利用的种质类型、份数、份次、用户数等。

2　种质利用效果及效益

提供利用后育成的品种（系）、创新材料，以及其他研究利用、开发创收等产生的经济效益、社会效益和生态效益。

3　种质利用经验和存在的问题

组织管理、资源管理、资源研究和利用等。

八 扁桃种质资源利用情况登记表

种质名称						
提供单位			提供日期		提供数量	
提供种质 类　　型	地方品种□　　育成品种□　　高代品系□　　国外引进品种□　　野生种□ 近缘植物□　　遗传材料□　　突变体□　　其他□					
提供种质 形　　态	植株(苗)□　果实□　籽粒□　根□　茎(插条)□　　叶□　　芽□　　花(粉)□ 组织□　　细胞□　　DNA□　　其他□					
统一编号		国家种质资源圃编号				

提供种质的优异性状及利用价值：

利用单位		利用时间	
利用目的			

利用途径：

取得实际利用效果：

种质利用单位盖章　　　　种质利用者签名：　　　　　年　　　月　　　日

主要参考文献

杜澍主编. 1984. 果树科学实用手册. 西安：陕西科学技术出版社

景士西. 1993. IBPGR 果树种质描述评价系统综述及几点改进建议. 果树科学，10（增刊）：10~14

景士西. 1993. 关于编制我国果树种质资源评价系统若干意见的商榷. 园艺学报，20（4）：353~357

刘威生. 1999. 李属种质资源的抗寒性鉴定. 北方果树，（2）：6~8

浦富慎，等. 1990. 果树种质资源描述符——记载项目及评价标准. 北京：农业出版社

乔进春，朱梅玲，等. 2002. 扁桃的开花结实特性. 果树学报，19（3）：167~170

陕西省西安植物园. 1982. 扁桃. 西安：陕西科学技术出版社

朱京琳. 1983. 新疆巴旦杏. 乌鲁木齐：新疆人民出版社

《农作物种质资源技术规范丛书》
分 册 目 录

3　经济作物

4 蔬菜

6　牧草绿肥